惊奇的生命探索

蝌蚪如何变成青蛙

[英] 大卫 · 斯图尔特◎著
[英] 卡洛琳 · 富兰克林◎绘
岑艺璇◎译

吉林科学技术出版社

目　录

什么是青蛙？

青蛙的生命从卵开始。蝌蚪从卵中孵出来，慢慢长成一只小青蛙，叫作幼蛙，然后长成成年青蛙。

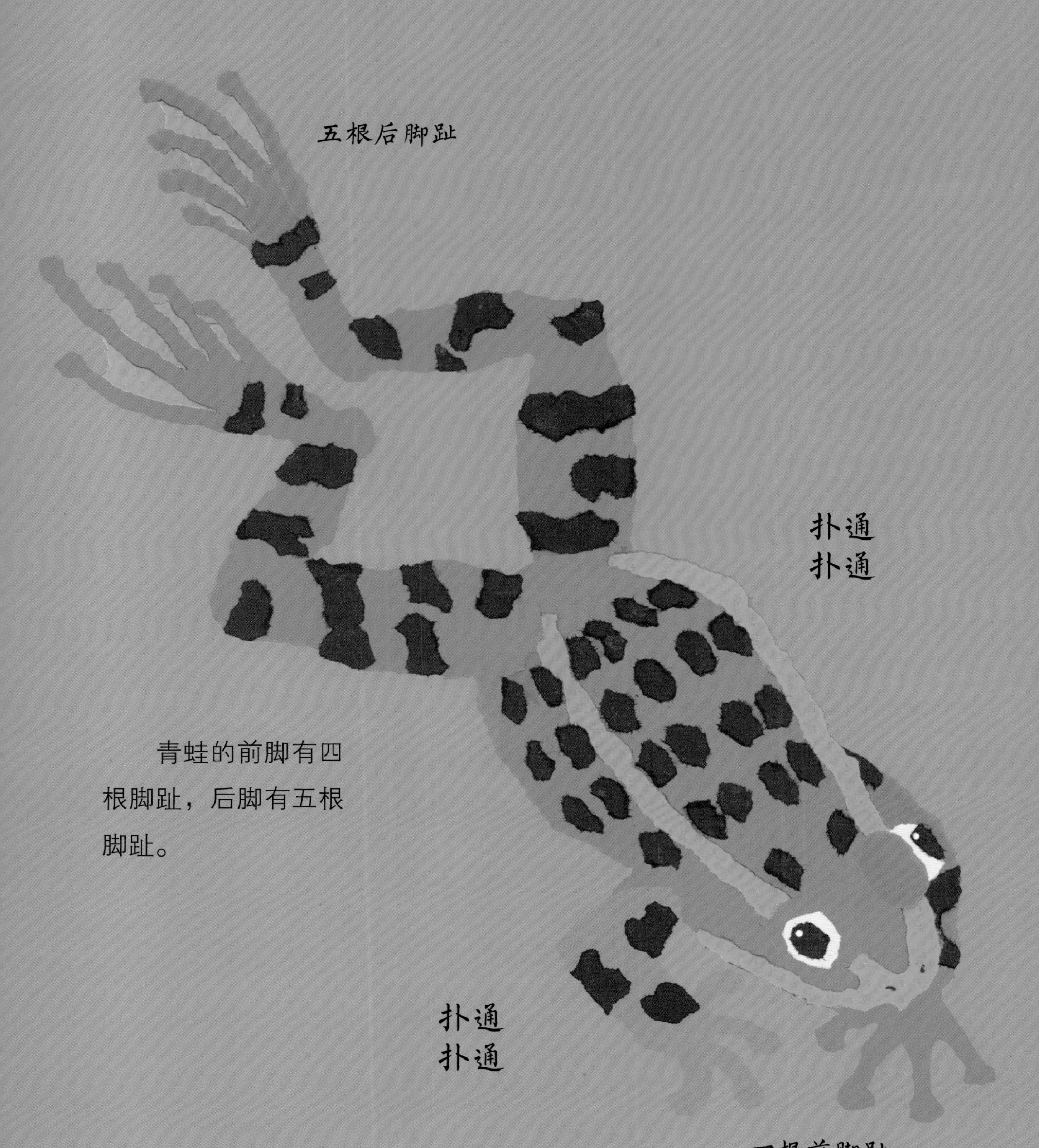

青蛙的前脚有四根脚趾，后脚有五根脚趾。

青蛙生活在哪里？

青蛙有时在池塘和溪流中生活，有时也会在陆地上（在靠近水的潮湿草丛里）生活，这种既能生活在水中又能生活在陆地上的动物叫作两栖动物。

池塘里有很多青蛙，一只青蛙坐在荷叶上，另一只青蛙正高高地跃起。

青蛙的叫声是什么样的？

在春天，青蛙会寻找伴侣，通常都是雄蛙寻找雌蛙，鸣叫时，它的嘴巴的两侧像气球一样鼓起，发出“呱呱”的叫声，以引起雌蛙的注意。

雌蛙会发出“咕哝”声和“啾啾”声来回应雄蛙的呼叫。

青蛙会产卵吗？

当雄蛙寻找到合适的配偶后，两只青蛙会进行抱对。雌蛙产下约3000个卵，雄蛙用精子包住卵子，使卵受精，之后受精卵开始生长。

随着受精卵的生长，它们粘在一起，这一时期的受精卵称为蛙卵。

什么是蝌蚪？

每个受精卵都在一个小小的果冻状的球中生长。它们逐渐长大，然后长出头和尾。

几天后，蝌蚪孵出来，它们生活在水中，通过腮来呼吸。

蝌蚪头部左右两侧的羽毛状“襟翼”是它的鳃。

蝌蚪吃什么？

刚开始时，蝌蚪只吃微小的水生植物。随着身体长大，它们便以微小的水生动物为食，例如水蚤和池塘蠕虫。

随着时间推移，蝌蚪继续长大，它开始长出后腿。

蝌蚪的尾巴发生了什么变化?

前腿

蝌蚪的尾巴变得越来越小，很快，它开始长出两条前腿，现在它看起来像一只青蛙了。

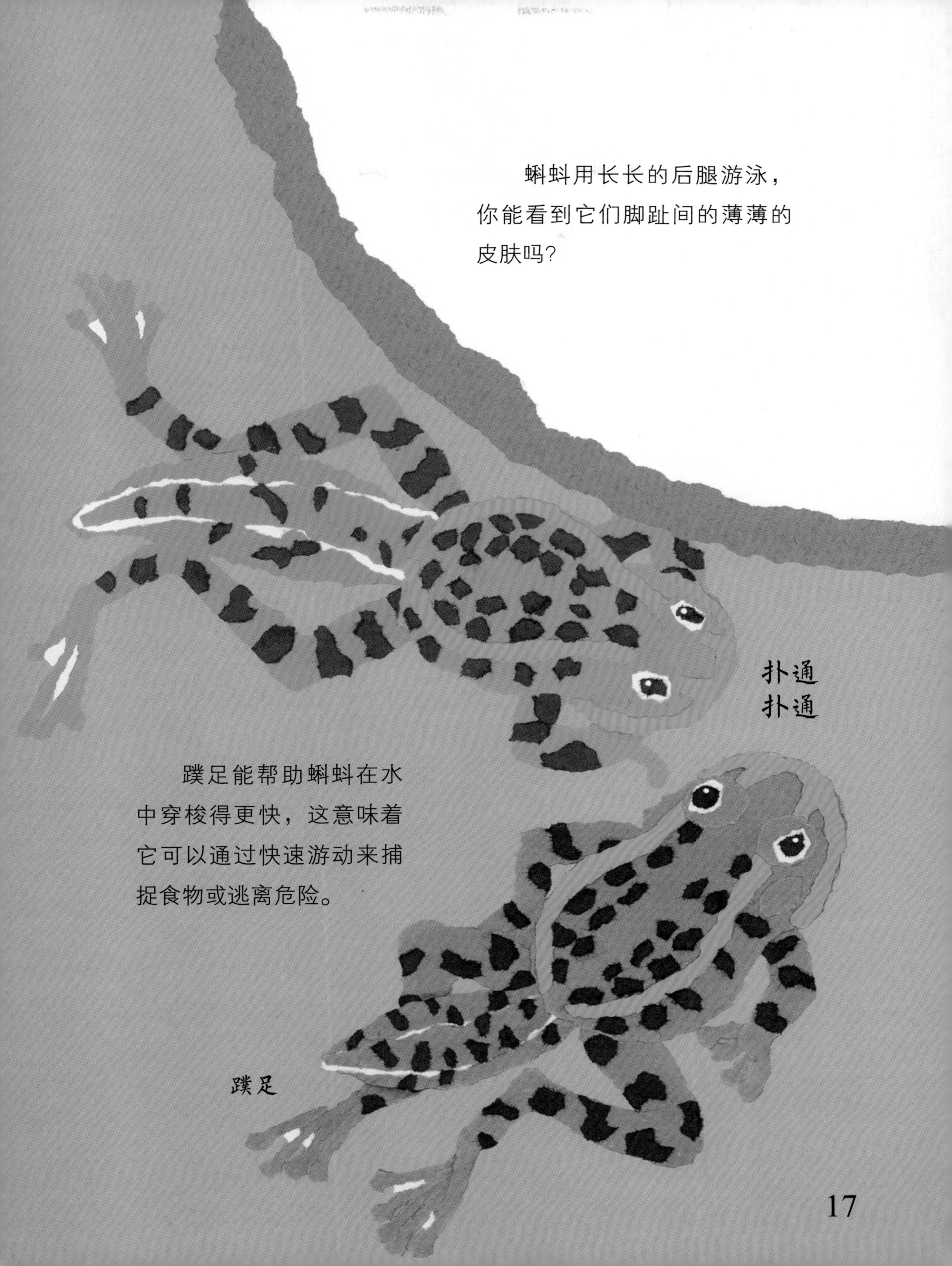

蝌蚪用长长的后腿游泳，你能看到它们脚趾间的薄薄的皮肤吗？

蹼足能帮助蝌蚪在水中穿梭得更快，这意味着它可以通过快速游动来捕捉食物或逃离危险。

幼蛙能呼吸空气吗？

现在蝌蚪已经长成一只小青蛙，称为幼蛙，幼蛙可以将头伸出水面，呼吸空气。

看看幼蛙的尾巴有多小！

这些幼蛙很快就会离开水面，去陆地上生活，它们已经不再用腮呼吸，而开始使用肺呼吸。

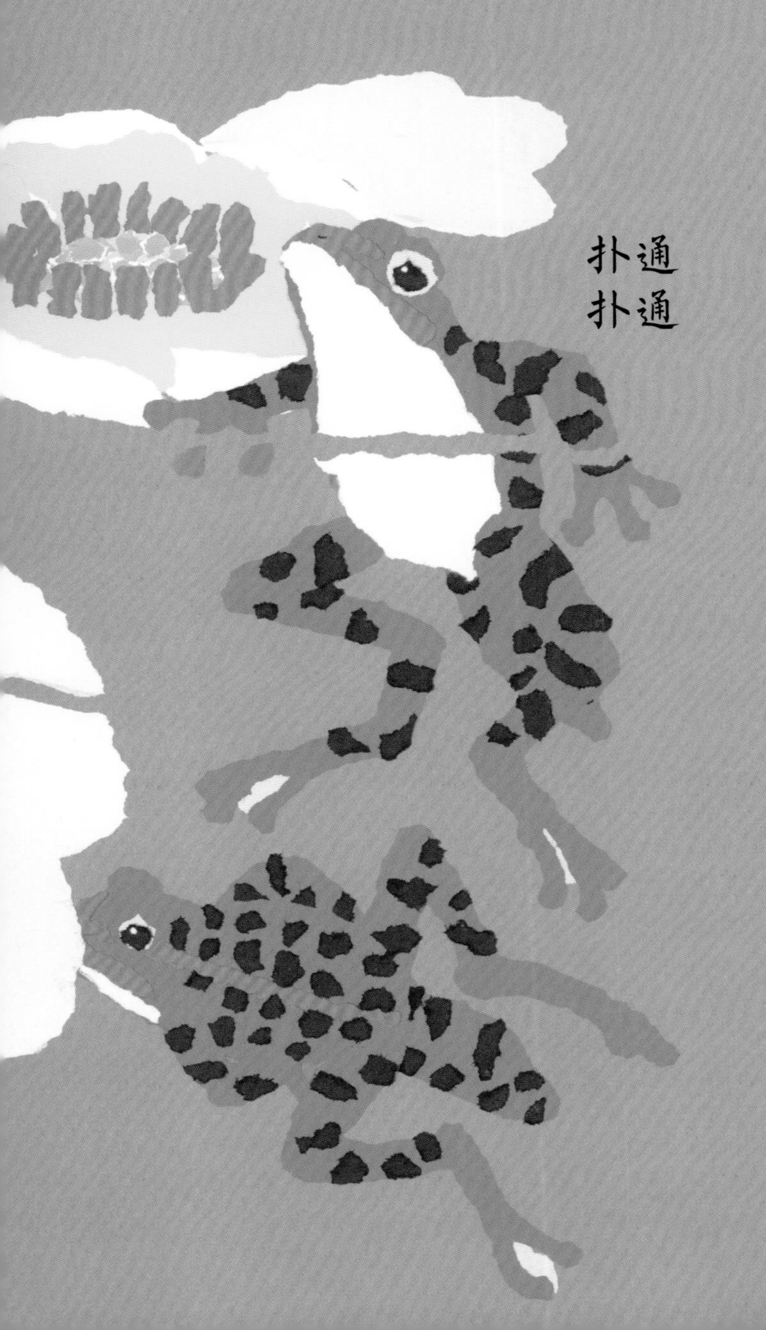

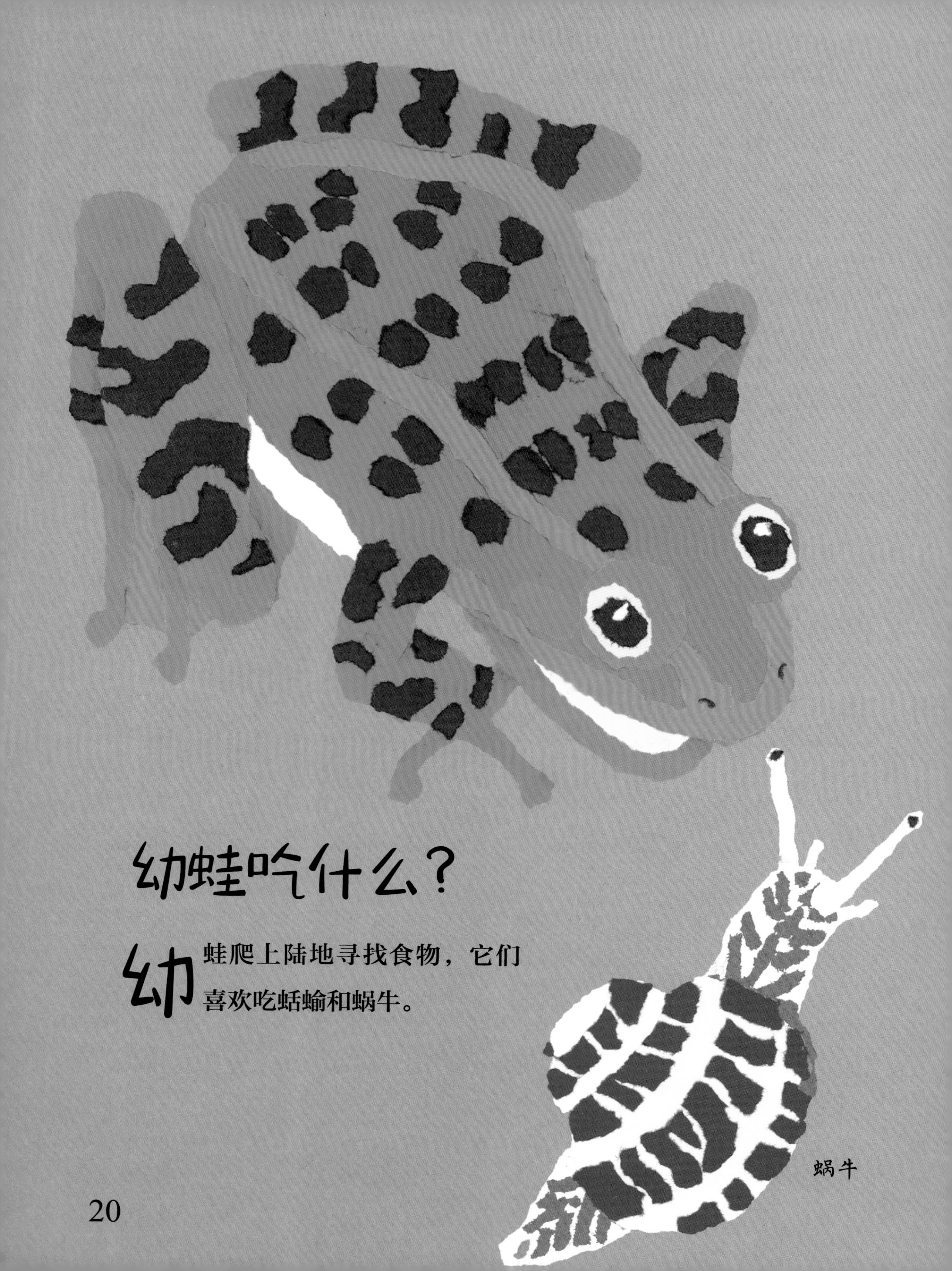

幼蛙吃什么？

幼蛙爬上陆地寻找食物，它们喜欢吃蛞蝓和蜗牛。

成年青蛙和幼蛙的舌头又长又黏，很适合捕捉昆虫。

幼蛙容易遇到什么危险？

猫喜欢追捕幼蛙，蛇、乌龟等动物也喜欢吃它们。幼蛙必须迅速跳开并设法躲避危险。

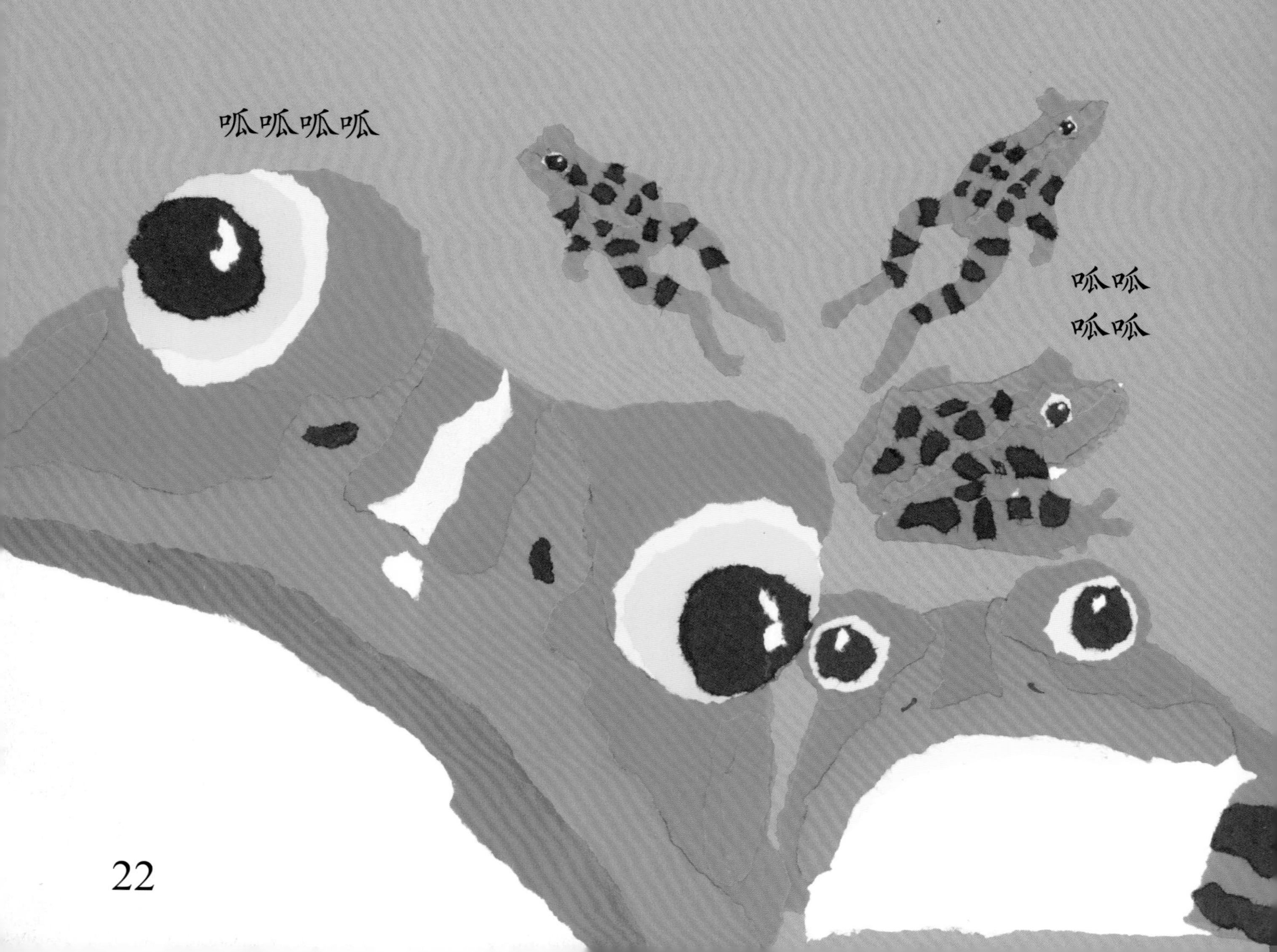

呱呱
呱呱
呱呱
呱呱

幼蛙长成青蛙需要多长时间？

幼蛙逐渐成长为成年青蛙的过程要90～120天。成年雄性青蛙将寻找伴侣，然后，雌蛙将产卵，生命的循环将再次开始。

呱呱
呱呱

做做看

如何观察池塘内部

你需要

①一个大的透明塑料瓶

②剪刀

③胶带

④透明的厨房保鲜膜

1.请家长帮助自己切开瓶子的顶部和底部。

2.小心地将一块透明的厨房保鲜膜用胶带粘在瓶子的底部。

3.将瓶盖一端放在池塘表面的正下方，向下朝瓶的另一端看。

这个塑料桶起什么作用？

通常我们很难看清池塘下面，因为水面非常平滑并且反光。但使用这个塑料桶直视水底，你便可以垂直向下看到水面下的东西。

你能看到水下有什么？

冬天青蛙会去哪里？

当天气开始变冷时，成年青蛙会冬眠。它们躲在池塘周边的淤泥及树叶堆里睡觉。

青蛙将会冬眠约4个月。

我的日记

在早春，每隔几天来看一看附近的池塘或小河，找找蛙卵，一周后，再来寻找蝌蚪。每次你观察时，写下日期和所见内容。

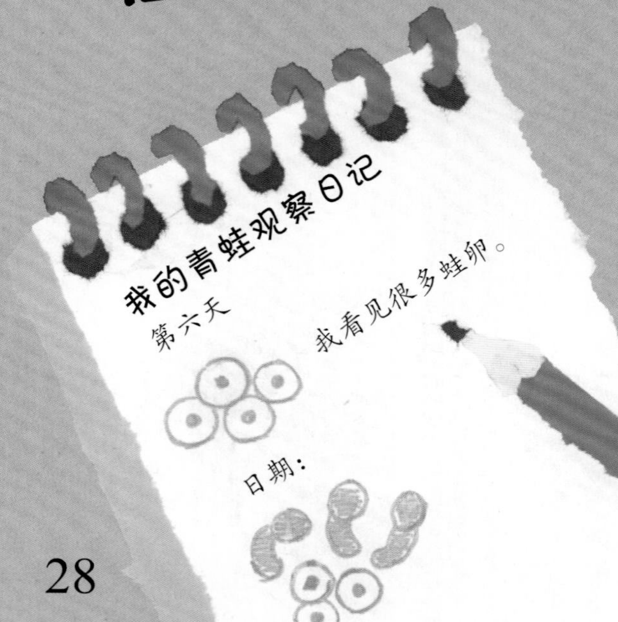

青蛙一年中的生活

冬天

它会醒一会儿，然后回到睡眠状态。

①

冬天/春天

青蛙醒了，它去寻找伴侣。

②

春天

雌蛙产卵，蝌蚪开始孵化。

③

春天

越来越多的蝌蚪孵化出来，它们开始觅食并长大。

④

春天

蝌蚪长出后腿，它们的尾巴变小，然后它们长出前腿。

⑤

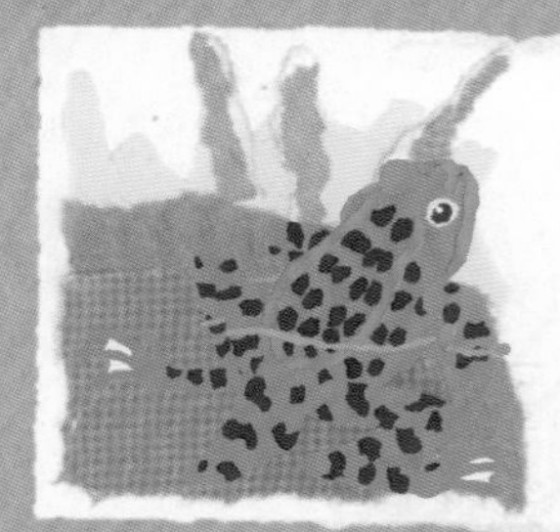

夏天

一些幼蛙离开了池塘。

⑥

夏天

其他幼蛙离开池塘。

⑦

夏天

成年青蛙生活在水边的草丛中。

⑧

秋天

青蛙一天进食多次，为它们的身体储存食物。

⑨

秋天

天气变冷，青蛙找到冬眠的地方。

⑩

秋天

一些青蛙仍在寻找食物。

⑪

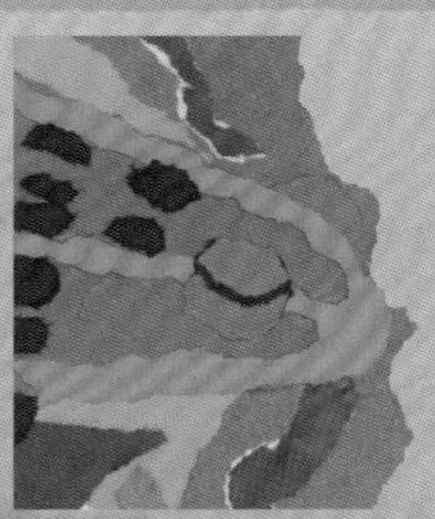

冬天

大多数青蛙都在冬眠，冬眠期间青蛙经常会醒来很短的时间，醒来主要是为了摄取食物。

⑫

*这些是大概的时间，每只青蛙生活在不同的栖息地，有不同的时间表。

青蛙的成长历程

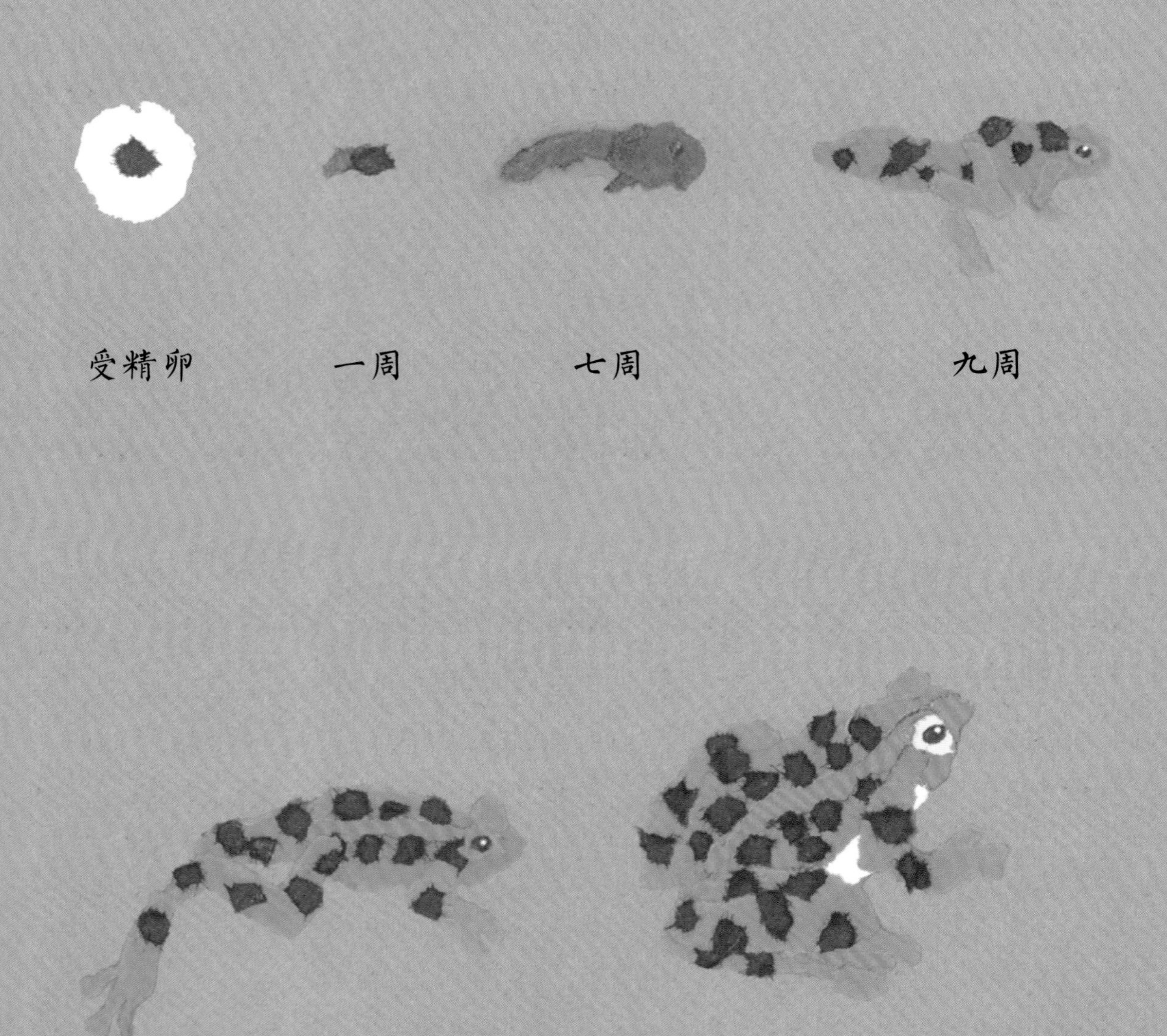

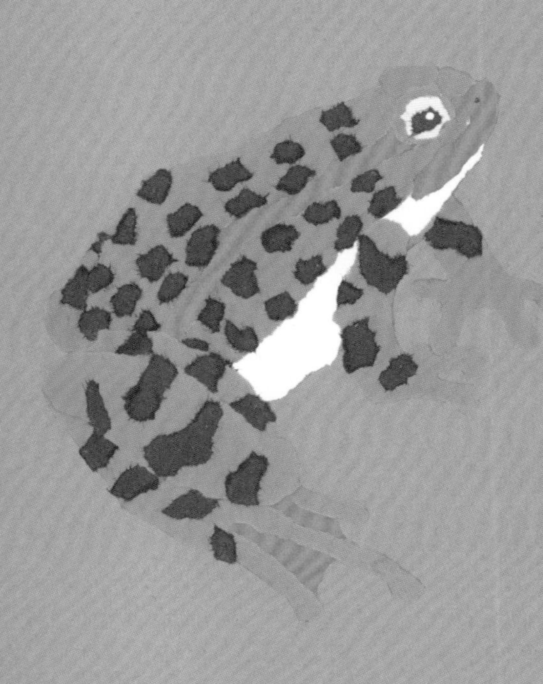

二十周

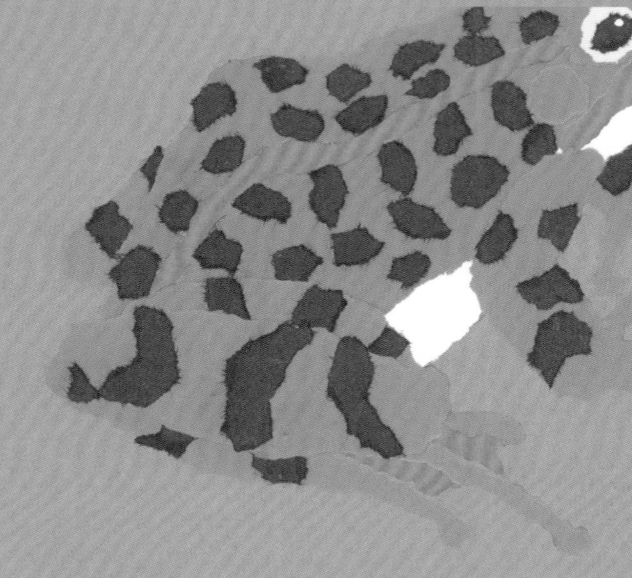

完全长成

吉林省版权局著作合同登记号：
图字 07-2020-0062

图书在版编目（CIP）数据

蝌蚪如何变成青蛙 /（英）大卫•斯图尔特著 ； 岑艺璇译. -- 长春 ： 吉林科学技术出版社，2021.8
ISBN 978-7-5578-8087-3

Ⅰ. ①蝌… Ⅱ. ①大… ②岑… Ⅲ. ①黑斑蛙—儿童读物 Ⅳ. ①Q959.5-49

中国版本图书馆CIP数据核字(2021)第103268号

蝌蚪如何变成青蛙

KEDOU RUHE BIANCHENG QINGWA

著　　者　[英]大卫・斯图尔特
绘　　者　[英]卡洛琳・富兰克林
译　　者　岑艺璇
出 版 人　宛　霞
责任编辑　杨超然
封面设计　长春美印图文设计有限公司
制　　版　长春美印图文设计有限公司
幅面尺寸　210 mm×280 mm
开　　本　16
印　　张　2
页　　数　32
字　　数　25千字
印　　数　1-6 000册
版　　次　2021年8月第1版
印　　次　2021年8月第1次印刷

出　　版　吉林科学技术出版社
发　　行　吉林科学技术出版社
地　　址　长春市福祉大路5788号
邮　　编　130118
发行部电话/传真　0431-81629529　81629530　81629531
　　　　　　　　81629532　81629533　81629534
储运部电话　0431-86059116
编辑部电话　0431-81629518
印　　刷　吉广控股有限公司

书　　号　ISBN 978-7-5578-8087-3
定　　价　22.00元